Michael Geitner
Alexandra Schmid

GEITNERS BODENARBEITS-KIT

Die besten 30 Übungen
mit Video-Clips

Müller Rüschlikon

Impressum

Einbandgestaltung: R2 I Ravenstein, Verden
Titelbild: WL-Media
Bildnachweis: Sergej Jundt: S. 19, Matthias Pöhler: S. 15, Eliane Reichelt: S. 11, 18, 31, Alexandra Schmid: S. 5 und Zeichnung S. 23, Corinna Weisser: S. 12 unten, 21, WL-Media: S. 10, 12 oben 13, 14, 20, 27, 29
Die Zeichnungen auf den Karten wurden nach Vorlagen von Michael Geitner erstellt.

ISBN 978-3-275-02207-6

Postfach 103743, 70032 Stuttgart
Ein Unternehmen der Paul Pietsch Verlage GmbH & Co. KG

3. Auflage 2025

Sie finden uns im Internet unter www.mueller-rueschlikon-verlag.de

Gesamtleitung: Claudia König
Innengestaltung: Kerstin Diacont
Druck und Bindung: Graspo CZ, 76302 Zlin
Printed in Czech Republic

Vorwort

Das Erfolgskonzept der blau-gelben Trainingswelt basiert auf dem basisorientierten Arbeiten mit dem Pferd. Blau-Gelb zeichnet sich dadurch aus, dass Pferdebesitzer mit einem Plan auf den Reitplatz gehen. Es ist ein ganzheitliches System, das für Pferde aller Reitweisen und Rassen geeignet ist. Die Pferde werden im ständigen Rechts-links-Wechsel und von beiden Seiten sinnvoll gearbeitet, dadurch werden sie gleichmäßig gymnastiziert und geradegerichtet.
Die Arbeit vom Boden aus gehört zu den Basics der Aus- und Weiterbildung eines Pferdes. Die im Vordergrund stehende Gymnastizierung kann später mit in den Sattel übernommen werden. Bevor piaffiert wird, sollten die Basisübungen auf dem Trainingsplan stehen. Nicht nur Piaffe und Traversale sind Übungen, die sich gut zur Gymnastizierung eignen, Gymnastik-Training fängt bereits mit einer Volte an.
Die Bodenarbeit nach Blau-Gelb ist nicht nur für Pferde geeignet, die auf das Reiten vorbereitet werden sollen, jedes Pferd, egal welcher Ausbildungsstufe, profitiert davon.
Das Bodenarbeits-Kit nach Michael Geitner macht die Arbeit am Boden einfach, verständlich und kann vor allem von jedem nachgemacht werden.
Das Kit bietet viel Abwechslung – unter anderem auch durch seine verschiedenen Ansätze, Pferde vom Boden aus zu arbeiten: an der Hand, an der Longe und der Doppellonge. Zum besseren Verständnis wurden zusätzlich zu jeder Übungsbeschreibung auf den Karten kurze Videos hinzugefügt, die über einen QR-Code abrufbar sind.

Viel Spaß bei der Umsetzung!

1. Erklärung der Karten

- Die Karten sind von 1 bis 30 durchnummeriert.
- Die Sterne geben den Schwierigkeitsgrad einer Übung an. Ein Stern bedeutet, dass die Übung einfach ist. Zwei Sterne zeichnen sie als mittelschwer aus. Für Drei-Sterne-Übungen brauchst Du etwas mehr Erfahrung, daher solltest Du sie nicht gleich zu Anfang wählen.
- Auf jeder Karte findest Du eine Beschreibung, in der Du erklärt bekommst, wie die Übung durchzuführen ist.
- Praktische Tipps zur korrekten Umsetzung findest Du unter: »Darauf solltest Du besonders achten.«
- Der Punkt »Was wird bei dieser Übung gefördert?« erklärt, wofür eine Übung besonders wertvoll ist.
- Steigerungen sind immer möglich! Wie sie aussehen, wird unter »Wie lässt sich der Schwierigkeitsgrad steigern?« aufgeführt.
- Kombiniere: Hier findest Du Vorschläge, welche Übungen sich sinnvoll kombinieren lassen.

So funktioniert die Übung
Hinweise, auf was Du achten solltest.
Was die Übung besonders fördert.
Wie Du den Schwierigkeitsgrad der Übung steigern kannst.
Welche Übungen sinnvoll miteinander kombiniert werden können.

Kartennummer

Schwierigkeitsgrad

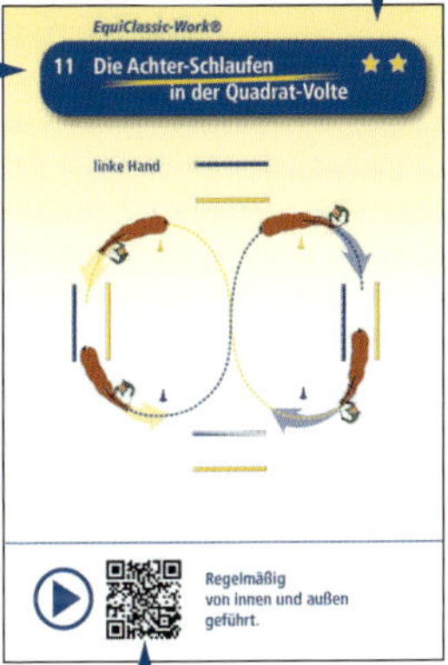

EquiClassic-Work®

11 Die Achter-Schlaufen in der Quadrat-Volte

Beschreibung der Übung:
Beginne auf der linken Hand und führe Dein Pferd durch eine Gasse durch. Nach der Gasse biegst Du nach innen in die Quadrat-Volte ab. Du führst Dein Pferd durch die Quadrat-Volte in die gegenüberliegende Gasse hinein. Dein Pferd ist nach innen gestellt. Du gehst auf der rechten Hand durch die Gasse wieder zurück durch die Quadrat-Volte in die Gasse, in der Du gestartet bist. In den Gassen ist das Pferd immer nach innen gestellt zum »Quadrat-Volten-Inneren«.

Darauf solltest Du besonders achten:
Dein Pferd sollte, wenn Du nach innen abwendest, nicht auf die innere Schulter fallen. Achte darauf, dass Dein Pferd nicht an Dir vorbei und in die Gassen drängelt, wenn Du es von außen führst.

Was wird bei dieser Übung gefördert?
Balance • Geraderichtung • Position und Führungsqualitäten • Schulterkontrolle

Wie lässt sich der Schwierigkeitsgrad steigern?
Übung im Trab ausführen.

Übung ist kombinierbar mit den Übungen der Karten: 6+8

Code zum Abscannen des Videos.

2. Kombiniere!

So kombinierst Du die Übungen auf den Karten.

Wähle die Übungen auf den Karten aus, die Du machen möchtest. Die Kombinationsvorschläge sind immer unten auf den Karten angegeben. Natürlich kannst Du auch eigene Kombinationen wählen. Achte immer darauf, dass Du maximal drei Übungen zusammenstellst und dass Dein Pferd nicht überfordert wird.

Kleeblatt und Achter-Schlaufen

Suche Dir zwei oder drei Übungen aus den Karten heraus, beispielsweise das Kleeblatt und die Achterschlaufen.
Du beginnst im Kleeblatt. Nachdem Du die Übung beendet hast, gehst Du in die Achter-Schlaufen.
Du machst jede Übung im Zeitsystem und wechselst, wenn Du mit einer Übung fertig bist, in die nächste.

Kombiniere z. B. das Kleeblatt mit den Achter-Schlaufen und dem Rückwärtsrichten

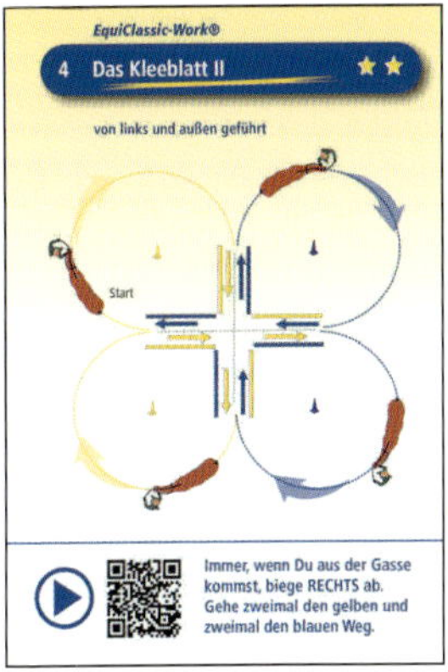

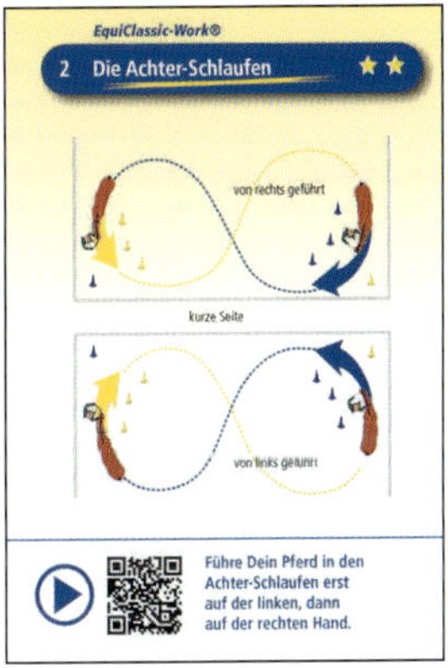

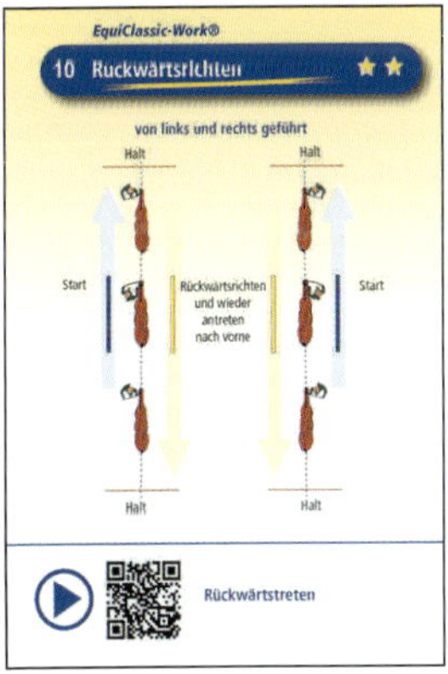

3. Das brauchst Du an Equipment

Kappzaum

Für die Bodenarbeit ist ein gut sitzender Kappzaum unabdingbar. In der Dual-Aktivierung® hat das den Vorteil, dass das Pferdemaul geschont und die Reiterhände geschult werden. Beim Longieren wird grundsätzlich kein Gebiss verwendet. Es würde ein nicht vermeidbarer seitlicher Zug entstehen, der dem Pferd Schmerzen zufügen könnte. Beim Longe-Walking® verläuft die äußere Longe um die Hinterhand. Das äußere Hinterbein würde dem Pferd jedes Mal einen Zug ins Maul geben, so fein kann keine Hand einwirken, um das zu vermeiden. Der Kappzaum sollte dem Pferd nicht ins Auge rutschen und ihm natürlich an keiner Stelle Schmerzen bereiten, beispielsweise durch ein nicht passendes Naseneisen.

Longe

Wir verwenden eine Kurzlonge von 4,5 m, diese erleichtert das Handling.
Da Du bei dem ständigen Handwechsel auch die Longenhaltung von Hand zu Hand wechselst, ist eine zu lange Longe unpraktisch und hinderlich. Verwende kein Bodenarbeitsseil, es ist in der Regel zu schwer und der Karabiner zu mächtig.

Zügel

Wir wählen Zügel in einer Länge von 2,5 bis 3 m. Der innere Zügel wird bei der EquiClassic-Work® in den mittleren Ring des Kappzaumes eingeschnallt, der äußere Zügel in den seitlichen äußeren Ring.
Es sollten keine Schnallen, sondern Karabiner an den Zügeln angebracht sein, da sie während der EquiClassic-Work® ständig umgeschnallt werden.

C

Doppellonge

Die Doppellonge wird je nach Größe des Pferdes gewählt. Wir empfehlen ein kürzeres Modell. Eine handelsübliche Doppellonge mit 18 m Länge erschwert das Handling. Bei Mini-Shettys wählen wir eine Länge von 5 m, bei etwas größeren Ponys 7,5 m und bei Großpferden bevorzugen wir eine 10 m-Doppellonge. Nur bei sehr langen und großen Pferden würden wir eine Doppellonge mit 12 m Länge einsetzen.

Peitsche/Gerte

Für das Longe-Walking® empfiehlt sich eine Touchier- oder Bogenpeitsche. Wir empfehlen ansonsten eine Dressurgerte mit 1,40 m Länge.

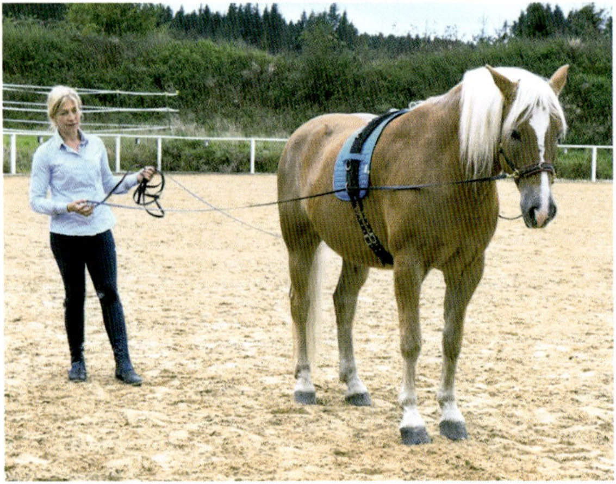

Longiergurt

Beim Longe-Walking® ist es ratsam darauf zu achten, dass die Ringe des Longiergurtes in Höhe des Sattelgurtes liegen. Wir benötigen keine Umlenkrollen. Die Doppellonge wird direkt durch die unteren Ringe in die seitlichen Ringe des Kappzaumes eingeschnallt. Ansonsten empfiehlt sich ein weich abgepolsterter Gurt, der nicht in die empfindliche Muskulatur des Pferdes drückt.

Dual-Gassen®

Die Schaumstoffbalken haben eine Länge von ca. 3 m. Sie sind ca. 20 cm breit und 10 cm hoch. Insgesamt sollten 8 Schaumstoffbalken zur Ausrüstung gehören. Wir empfehlen sie immer in Kombination blau und gelb abzuwechseln, da dies die Aufmerksamkeit des Pferdes erhöht.

Verwende keine Holzstangen!
Die Gassen sind aus Schaumstoff, um die Verletzungsgefahr zu minimieren. Tritt Dein Pferd auf längs gelegte Holzstangen, besteht die Gefahr, dass diese wegrollen und das Pferd abrutscht. Das kann böse Verletzungen nach sich ziehen. Die Bodenarbeit nach Blau-Gelb erfordert sehr viel Konzentration von Deinem Pferd und ist auch körperlich anstrengend. Lässt die Konzentration oder die Kraft nach, kommt es vor, dass Dein Pferd auf die Gassen tritt. Schaumstoff mindert das Verletzungsrisiko enorm.

Pylonen

Am besten haben sich Pylonen mit einer Höhe von 50 cm bewährt. Achte darauf, dass sie weich sind und das Plastik nicht splittert.

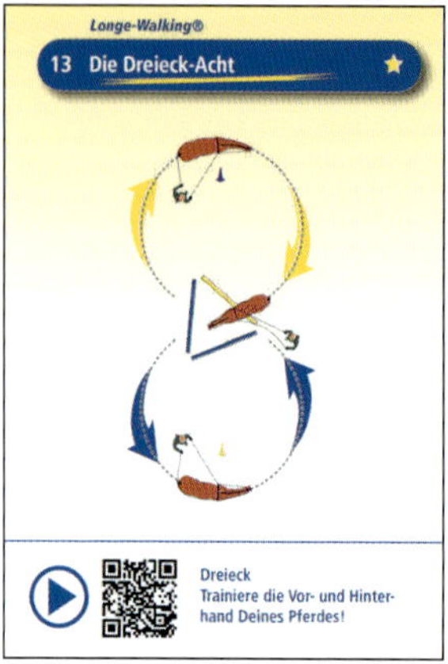

Longe-Walking®

13 Die Dreieck-Acht

Beschreibung der Übung:
Longiere Dein Pferd in einer Acht über das Dreieck. Nach dem Überqueren gehst Du eine Kehrvolte nach links, gehst erneut über das Dreieck und wechselst in eine Kehrvolte nach rechts. Insgesamt sollten es vier komplette Achter-Schlaufen sein. Longiere das Dreieck immer von einem anderen Winkel an, sodass Dein Pferd aufmerksam bleibt. Wichtig ist auch hier, über dem Dreieck mit den Longen deutlich nachzugeben. Der Wechsel über die Hindernisse: Gehe zunächst seitlich am Hindernis vorbei, während Dein Pferd darübergeht. Stelle es auf die andere Hand um. Du wechselst unmittelbar nach dem Dreieck ebenfalls zur inneren Seite des Pferdes.

Darauf solltest Du besonders achten:
Du gehst immer am Dreieck vorbei, damit Du nicht über die Gassen stolperst. Mach Dein Pferd vor dem Dreieck aufmerksam, es soll seine Beine heben und nicht über die Gassen schlurfen oder auf sie treten.

Was wird bei dieser Übung gefördert?
Aufmerksamkeit • Balance • Vor- und Hinterhandkoordination • Bauchmuskulatur wird gestärkt

Wie lässt sich der Schwierigkeitsgrad steigern?
Die Übung im Trab ausführen. Zweites Dreieck an das erste anlegen.

Übung ist kombinierbar mit den Übungen der Karten: 14+15+16+17+20

Longe-Walking: Karte 13

4. Das Zeitsystem

Wir arbeiten bei den Übungen zur EquiClassic-Work®, dem Longe-Walking® und der longierten Dual-Aktivierung® mit einem Zeitsystem.

Maximal 6 Einheiten á 3 Minuten – jeweils 1 Minute Pause zwischen den Einheiten.

Die Übungen der EquiClassic-Work®-Karten 1 bis 11 führst Du jeweils 3 Minuten lang auf einer Hand aus. Es folgt eine Minute Pause. Danach wechselst Du auf die andere Seite des Pferdes und machst die Übung 3 Minuten lang auf der anderen Hand.

Beim Longe-Walking® und bei der longierten Dual-Aktivierung®, diese findest Du auf den Karten 12 bis 30, wechselst Du innerhalb der dreiminütigen Trainingszeit die Hand und die Seite.

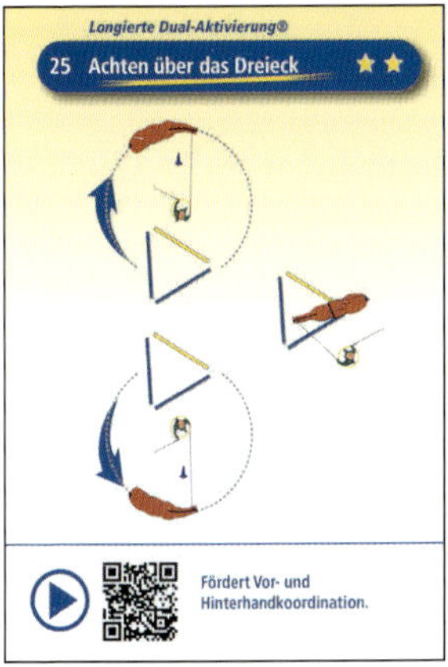

Longierte Dual-Aktivierung®

25 Achten über das Dreieck ★★

Beschreibung der Übung:
Longiere Dein Pferd zweimal in einer Volte über das Dreieck, dabei gibst Du die Longe nach. Nach der zweiten Volte lässt Du es die Hand wechseln und longierst es erneut zweimal über das Dreieck.

Darauf solltest Du besonders achten:
Longiere das Pferd immer aus einem anderen Winkel über das Dreieck. Dazu verlängerst oder verkürzt Du die Longe. Achte auf Deine Position. Stelle Dich am besten in einen am Boden liegenden Hula-Hoop-Reifen. In dem begrenzten Radius lernst Du, ruhig stehen zu bleiben.

Was wird bei dieser Übung gefördert?
Konzentration • Balance • Vor- und Hinterhandkoordination • »Bauchmuskeltraining«

Wie lässt sich der Schwierigkeitsgrad steigern?
Übung im Trab ausführen. Fließende Wechsel nach jedem Überqueren (siehe Karte 22).

Übung ist kombinierbar mit den Übungen der Karten: 23+24+27

Longierte Dual-Aktivierung: Karte 25

Zu Veranschaulichung wählen wir die Karte 13 »Dreieck – Longe-Walking®« und Karte 25 »Dreieck – longierte Dual-Aktivierung®« (siehe oben): Longiere innerhalb der angegebenen drei Minuten Dein Pferd zweimal auf der linken Hand über das Dreieck, danach lässt Du es einen Wechsel ausführen und longierst es zweimal auf der rechten Hand über das Dreieck. Nach 2 weiteren Handwechseln longierst Du Dein Pferd in ein anderes Hindernis.

Du wechselst bei der EquiClassic-Work® alle 3 Minuten die Führseite und die Hand, auf der Du die Übung ausführst

Du führst Dein Pferd 3 Minuten lang auf der linken Hand durch die Quadratvolte. Nach der Pause wechselst Du die Hand und nimmst die Führposition rechts ein.

Beim Longe-Walking® und der longierten Dual-Aktivierung® wechselst Du innerhalb der 3 Minuten, nach jeweils zweimal Longieren, die Hand oder Du gehst wie auf den Karten angegeben vor.

Überquere das Dreieck zweimal auf der linken Hand, nach dem Wechsel zweimal auf der rechten.

Walk-Over-Hindernisse, wie Dreieck, Treppe oder Fächer, sollen nur in Kombination mit anderen Hindernissen longiert werden, also nicht einzeln 6 Einheiten á 3 Minuten. Baue sie sinnvoll in einen Parcours mit ein. Vorschläge dazu findest Du auf den Karten.

5. Handwechsel und Position

EquiClassic-Work®

Führpositionen

Geradeaus und Volte nach innen
Du gehst innen neben dem Pferd, zwischen Kopf und Schulter.

Volten von außen geführt

Du positionierst Dich deutlich vor dem Kopf des Pferdes. Du gehst außen und stellst es nach innen.

Rückwärts

Du stehst vor dem Pferd oder seitlich neben ihm.

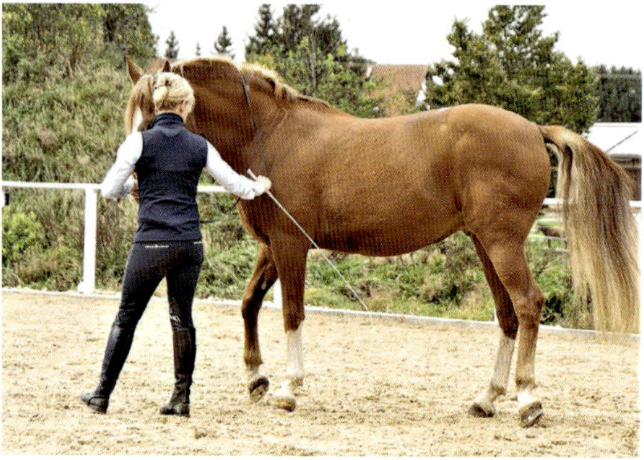

Seitwärts

Du stehst seitlich zum Pferd gedreht. Dein Blick geht in die Richtung, in die Du Dein Pferd übertreten lassen möchtest.

Hand- und Seitenwechsel

Möglichkeit 1 – Beispiel Kleeblatt

Du stehst auf der linken Seite des Pferdes und lässt es ein bis zwei Schritte rückwärtstreten. Drehe Dich frontal zu Deinem Pferd. Jetzt kannst Du auch die Zügel umschnallen. Den rechten Zügel schnallst Du in den mittleren Ring ein, den linken in den äußeren, linken. Bleibe stehen und führe Dein Pferd an dir vorbei, sodass Du rechts neben ihm stehst.

Möglichkeit 2 – Beispiel Quadratvolte

Du stehst links neben Deinem Pferd. Lass es ein bis zwei Tritte rück-

wärtstreten. Drehe Dich frontal zu ihm und lass es 180 Grad um Dich herumtreten, ähnlich einer Vorhandwendung. Drehe Dich dann wieder in Laufrichtung. Du stehst nun rechts vom Pferd.

Longe-Walking®

Führposition

Die Führposition beim Longe-Walking® ist seitlich hinter dem Pferd. Du läufst immer in einem 45°-Winkel versetzt zur Hinterhand. Das ist besonders im Trab auf gebogener Linie wichtig. Dein Pferd hat den größeren Laufweg und Du kannst es bequem im Gehen longieren, auch im Trab. Solltest Du versehentlich vor Dein Pferd kommen und Dein Pferd möchte sich zu Dir drehen, musst Du in der Lage sein, es wieder von Dir weg und ins Vorwärts zu schicken.

5. Handwechsel und Position

Beim Longe-Walking® solltest Du besonders auf den Sicherheitsabstand achten. Den Handwechsel machst Du fließend. Achte darauf, dass auch Du hinter Deinem Pferd die Seite wechselst. Immer zu der Hand, auf die das Pferd wechselt.

Longierte Dual-Aktivierung®

Führposition

Deine Position bei der longierten Dual-Aktivierung® ist immer mit Abstand etwa auf Schulterhöhe des Pferdes. Auch hier achtest Du darauf, dass Dein Pferd stets das Tempo geht, das Du möchtest. Lass Dich nicht von Deinem Pferd bewegen.

Du hast drei Möglichkeiten für den Handwechsel.

1. Du holst Das Pferd zu Dir herein und schickst es auf die andere Hand. Du bewegst Dich erst mit, wenn die Schulter des Pferdes Dich passiert hat.

2. Du bleibst stehen und schickst Dein Pferd an Dir vorbei auf die andere Hand, ohne dass Du Dich bewegst. Wechselst Du die Hand auf diese Weise, achte darauf, dass Dein Pferd nicht zu nah an Dich rankommt. Ganz speziell, wenn Du es wieder rausschickst.

3. Hier lässt Du das Pferd vor Dir an der Longe wechseln, wie zum Beispiel im Dreieck. Auch hier ist der Abstand wichtig.

6. Die Zügel-/Longenhaltung

Egal welche Art von Bodenarbeit Du wählst gilt: NICHT ZIEHEN! Nicht an den Zügeln, der Longe oder der Doppellonge! Du arbeitest mit einer feinen, leichten Anlehnung. Wenn Du Deinem Pferd ein Signal geben möchtest, zum Beispiel, dass es sich etwa vermehrt stellen soll, nimmst Du die Zügel bzw. Longen nur leicht an. Das Wichtige ist, wieder nachzugeben und das Pferd nicht in Stellung zu ziehen. Viele Pferde können anfangs die Stellung nicht halten. Es würde ein Gegenzug entstehen. Wenn Dein Pferd gegen die Longe oder Zügel zieht, ist es in den meisten Fällen nicht genug losgelassen und noch zu verspannt.Wenn das Tempo zu hoch ist, bekommt Dein Pferd die gebogene Linie nicht hin. Wenn es losgelassen und aufmerksam ist, wird es nicht gegen Deine

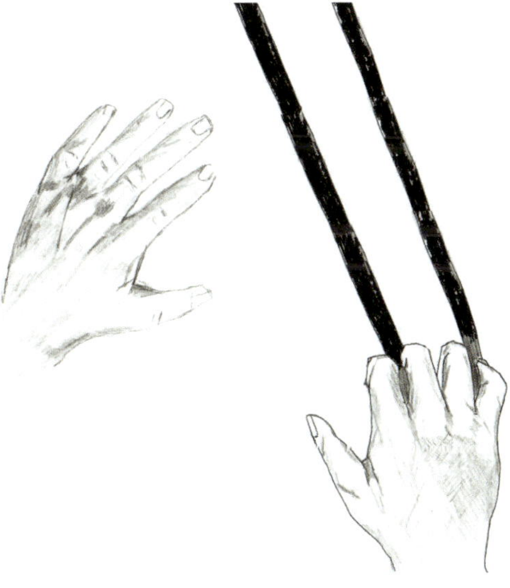

Hilfen arbeiten. Es kommt oft viel mehr Zug am Pferd an, als Du für möglich hältst. Dein Pferd spürt die kleinsten Impulse am Kappzaum. Richtig interpretieren kann es diese nur, wenn kein Dauertauziehen entsteht.

Die Zügel und Longen verlaufen immer in einer Linie mit Deiner Hand und Deinem Ellenbogen. Das ermöglicht es Dir, sie zu verlängern oder zu verkürzen, anzunehmen und nachzugeben. Deine Gelenke bleiben locker und flexibel. Auf keinen Fall solltest Du Deinen Arm vor Deinem Bauch abwinkeln. In solch einer Haltung sind korrekte Hilfen kaum mehr möglich.

EquiClassic-Work®

Der innere Zügel wird immer in den mittleren Ring des Kappzaumes eingeschnallt, der äußere kommt in den äußeren Ring.
Mit dem inneren Zügel gibst Du die Richtung vor. Du kannst das Pferd leichter über die Nase stellen. Der äußere Zügel hat die Aufgabe, die Vorhand zu begrenzen. Wir empfehlen gerne, die Zügel in zwei Finger zu nehmen oder über den Zeigefinger laufen zu lassen. Das verhindert das Ziehen am Zügel und ermöglicht eine feine Kommunikation mit Deinem Pferd. Je nach Gangart, Übung und individuell auf Dein Pferd bezogen, ist die Zügellänge zu wählen.
Die Hand, die den äußeren Zügel hält, sollte nicht ganz ans Pferd angelegt und auch nicht zu hoch gehalten werden. Der äußere Zügel sollte vor dem Widerrist liegen und Deine Hand sich etwas oberhalb des Halsansatzes befinden. Dein Arm sollte möglichst entspannt in der aktuellen Position gehalten werden können.

Longe-Walking®

In jeder Hand hältst Du eine Longe der Doppellonge. In der linken Hand hältst Du den Rest der Longe ordentlich aufgewickelt und ohne Schlaufen. Achte auf ein Gleichmaß der Longen.
In den Volten, dem Zirkel oder in der Wendung ist Dein Pferd gebogen. Du musst die innere Longe nachfassen und verkürzen und die äußere Longe verlängern, da Dein Pferd mehr Longe benötigt.
Zum Verkürzen der inneren Longe nimmst Du beide Longen in die äußere Hand. Die innere Hand fasst jetzt die innere Longe nach, gleichzeitig lässt Du Deinem Pferd mehr äußere Longe.

Longierte Dual-Aktivierung®

Die longierte Dual-Aktivierung® wird mit der Zweihandtechnik longiert. Die Longe wird in den mittleren Ring des Kappzaumes eingeschnallt. Wird das Pferd auf der linken Hand longiert, hält ebenfalls die linke Hand die Verbindung zum Kappzaum, die rechte Hand hält den Rest der Longe und die Gerte. Dies ermöglicht ein einfaches Verlängern oder Verkürzen der Longe. Achte immer auf eine feine Verbindung. In den Gassen gibst Du die Longe nach. Dazu lässt Du sie aus der Hand gleiten. Nach den Gassen nimmst Du die Longe etwas auf und stellst wieder eine Verbindung her. Achte darauf, dass die Longe nicht »schlackert«, denn das ist sehr unangenehm für Dein Pferd.

7. So legst Du die Hindernisse

Bei der EquiClassic-Work® legst Du die Gassen so weit auseinander, dass Du bequem mit Deinem Pferd hindurchgehen kannst. Achte darauf, dass keine Stolperfallen entstehen.
Beim Longe-Walking® und bei der longierten Dual-Aktivierung® gehst Du grundsätzlich an den Hindernissen vorbei und nicht mit durch. Das gilt insbesondere für die Walk-Over-Hindernisse wie das Dreieck oder die Treppe.
Achte darauf, dass die Volten und Kehrtvolten immer einen Durchmesser von ca. 6 m haben.
Bei der Quadratvolte kannst Du variieren zwischen einem Durchmesser von 8 bis zu 14 m. Der Mindestabstand der Gassen beträgt 80 cm, wenn sie parallel gelegt sind.

Wähle beim Pylonenslalom die Abstände so, dass Dein Pferd sie noch gut meistern kann. Wenn die Übung problemlos funktioniert, kannst Du zur Steigerung des Schwierigkeitsgrades die Pylonen auch enger stellen.
Bei den Hindernissen Treppe und Fächer ist es erwünscht, dass die Balken nicht im gleichen Abstand gelegt werden. Die Pferde müssen sich so mehr konzentrieren und bewusst ihre Beine setzen.
Du kannst Dir die Größe der Volten immer mit Pylonen markieren. Grundsätzlich sollten sie so klein wie möglich und so groß wie nötig sein.

8. Sicherheitshinweise

Frontal vor dem Pferd

Beim Rückwärtsrichten stehst Du frontal oder leicht seitlich versetzt vor dem Pferd. Die Gassen sind beim Rückwärtsrichten enorm hilfreich, da sie Dein Pferd begrenzen und ein gerades Rückwärtstreten erleichtern.

Jedes Pferd kann einmal erschrecken. Wenn Du unsicher bist, wähle auf jeden Fall die seitlich versetzte Position, damit Dein Pferd zur Not an Dir vorbeilaufen kann.

Gehen, nicht rennen!

Bei der Arbeit mit dem Pferd wird nicht gerannt. Dabei ist es egal, ob Du Dich neben oder hinter ihm befindest. Gerannt wird weder bei der EquiClassic-Work®, noch bei der longierten Dual-Aktivierung® oder

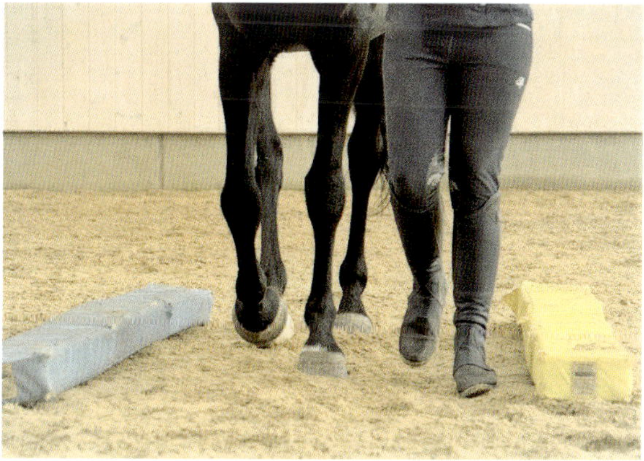

beim Longe-Walking®. Du kannst aufgrund der schnellen Bewegungen, die Du machst, keine feinen Hilfen geben. Und auf die Feinheit Deiner Hilfen kommt es an! Davon abgesehen, sieht hektisches Rumgerenne auch nicht besonders vorteilhaft aus. Unruhe in den Armen und Händen stört die Kommunikation zwischen Dir und Deinem Pferd. Zudem kann Rennen am oder hinter dem Pferd sehr gefährlich werden. Dein Pferd könnte überreagieren, wegrennen oder ausschlagen. Du könntest dabei stolpern und Dich verletzen. All das sind gute Gründe, es zu lassen. Für mich ist es einfach ein »No-Go«.
Du gehst – und zwar in dem Tempo, das Du selber vorgibst. Dein Pferd soll sich Deinem Tempo anpassen, egal ob Du im Schritt oder Trab ein langsames oder fleißiges Vorwärts wählst. Pferde, die zuhören, reagieren auf die kleinsten Hilfen. Die gute Erziehung Deines Pferdes und die Aufmerksamkeit, die Du stets von ihm forderst, sind nicht nur für eine harmonische Zusammenarbeit wichtig, sondern dienen auch Deiner Sicherheit.

EquiClassic-Work®

»Mein Tanzbereich, Dein Tanzbereich.« Achte darauf, dass Dein Pferd einen ausreichend großen Abstand zu Dir einhält. Pferde »blockieren« Dich, in dem sie den Abstand zu Dir verringern. Je näher Dein Pferd den Abstand zu Dir wählt, desto weniger kannst Du es bewegen. Das gilt besonders für die EquiClassic-Work®, denn hier bist Du eng am Pferd. Beim Übertreten musst Du besonders auf den Abstand achten, sonst wird Dein Pferd eventuell wie in Beton zementiert stehen bleiben und sich nicht seitlich bewegen lassen. Da kommt zum »Blockieren« noch der Oppositionsdruck hinzu. Ebenso der Handwechsel. Respektlos wäre, wenn Dich Dein Pferd anrempelt.

Longe-Walking®
Ganz anders sieht es mit dem Abstand beim Longe-Walking® aus. Hier ist er ein wichtiger Sicherheitsaspekt. Befindest Du Dich nahe an der Hinterhand Deines Pferdes, beispielsweise wenn es ausschlägt, ist diese Zone als höchst gefährlich einzustufen. Achte beim Longe-Walking® unbedingt darauf, genügend Abstand zu der Hinterhand Deines Pferdes zu halten. Auch das bravste Pferd hat einmal schlechte Momente.
Achte penibel darauf, dass Du Deine Doppellonge immer ordentlich in den Händen hältst. Es dürfen sich keine kleinen Schlaufen um Deine Hände bilden und die Longen sollten nicht auf dem Boden hinterhergezogen werden. Du könnest Dich beim Laufen in ihnen verheddern und im schlimmsten Fall schwer verletzen. Denke auch immer daran, nicht mit dem Pferd über die Walk-Over-Hindernisse zu laufen, sondern stets daran vorbei.

Longierte Dual-Aktivierung®
Hier hast Du in der Regel den nötigen Abstand zum Pferd. Allerdings solltest Du darauf achten, ihn auch beim Handwechsel einzuhalten. Sei immer darauf bedacht, Dich nicht im Schlagbereich der Hinterhand aufzuhalten. Achte beim Handwechsel darauf, dass Dich Dein Pferd nicht anrempelt. Die Longe sollte auch hier keine Schlaufen um Deine Hand bilden und nicht auf den Boden gelangen. Auch hier gilt: Nicht mit dem Pferd über die Walk-Over-Hindernisse laufen, sondern seitlich daran vorbeigehen.